Richard Stock

Aus der Reihe: e-fellows.net schüler-wissen

e-fellows.net (Hrsg.)

Band 34

Lichtvorstellungen von der Antike bis heute

Eine Chronik der Lichtforschung

GRIN Verlag

Bibliografische Information der Deutschen Nationalbibliothek:

Die Deutsche Bibliothek verzeichnet diese Publikation in der Deutschen Nationalbibliografie; detaillierte bibliografische Daten sind im Internet über http://dnb.d-nb.de/ abrufbar.

Impressum:

Druck und Bindung: Books on Demand GmbH, Norderstedt Germany
ISBN: 978-3-656-59200-6

Dieses Buch bei GRIN:

http://www.grin.com/de/e-book/268239/lichtvorstellungen-von-der-antike-bis-heute

Seminararbeit

Lichtvorstellungen von der Antike bis heute

Kronberg-Gymnasium Aschaffenburg

Oberstufenjahrgang 2012/2014

12.11.2013

Richard Stock

Inhaltsverzeichnis

1 Einführung in die Geschichte der Lichtvorstellungen

Sicherlich, so schreibt D.J. Lovell in seinem unterhaltsamen Werk ‚Optical Anecdotes', hat sich jeder von uns schon einmal gefragt, was denn das Licht eigentlich ist. Die Antwort, es erhelle unsere Sicht, macht also das Sehen möglich, ist keine zufriedenstellende. Sie bedeutet eigentlich nur, dass uns das Verständnis für die vielfältige Natur des Lichtes fehlt und für uns Licht einfach nur Licht ist.[1] Die Diskussion über das für unser Leben so wichtige, dabei aber selbstverständliche Licht, begann schon früh im antiken Griechenland. Unsere Neugierde und unser Interesse an dem Phänomen sind der Vielschichtigkeit des Lichtes geschuldet. Es vereint Ästhetik, Religion und Technik: Regenbögen, das Abendrot und die Farben in der Natur faszinieren seit Jahrtausenden und wurden meist mit religiösen Mythen in Zusammenhang gebracht. Aber auch die Entwicklung optischer Geräte beflügelte den Drang danach, das Licht verstehen und kontrollieren zu können. Zur Jahrtausendwende, etwa 1000 nach Christus, legte Ibn al-Haitham den Grundstein der Optik, der das Mittelalter weit überdauerte. Es dauerte mehr als eineinhalb Jahrtausende, bis die Lichtforschung, deren Wurzeln in der Antike liegt, wieder in Europa aufkeimte. Der Mangel an fähigen Wissenschaftlern und die postalischen Verzögerungen durch die Briefpost zu Anfang des 17. Jahrhunderts erschwerten zunächst die Zusammenarbeit zwischen den Forschern.[2] Aus diesem Grund waren es meist einzelne Personen, die durch neue Experimente wichtige Erkenntnisse lieferten, wie Isaac Newton, Thomas Young, später Augustine Jean Fresnel und Albert Michelson. Sie lieferten Beweise für bestimmte Eigenschaften von Licht und konnten diese erklären. Gleichzeitig versuchten sie die Wissenschaftswelt von der Richtigkeit ihrer Theorien zu überzeugen, wenn auch nicht immer mit Erfolg. Die Seminararbeit soll nicht den Anspruch erfüllen alle wichtigen Wissenschaftler der vergangenen Epochen zu nennen, vielmehr wird eine subjektiv getroffene Auswahl in den näheren Blickpunkt gezogen. Ihre Theorien und Beschreibungen von Licht und auch der Weg zu ihren Erkenntnissen sollen skizziert werden. Vor allem die Quantenphysik kann nur punktuell betrachtet werden, alles andere würde den Umfang der Arbeit sprengen. Besonders wichtig ist es, vor allem in Hinsicht auf die Zielgruppe der Seminararbeit, für jeden noch so komplexen Sachverhalt ein veranschaulichendes Beispiel oder analoges Modell zu finden. Oliver Morsch schreibt in seinem Fachbuch ‚Licht und Materie', dass „[a]nschauliche Vergleiche [...] in der Physik oft aufschlussreicher als jede noch so exakte Theorie [sind]."[3] Die Wissenschaft des 21. Jahrhunderts kann zwar mithilfe mathematischer Zusammenhänge vieles vorhersagen und berechnen, doch dürfen wir nicht vergessen, dass wir nur mit Modellen arbeiten. Denn wie Albert Einstein einmal sagte: „Kein Wissenschaftler denkt in Formeln"[4]. Physikalische Modelle erheben nicht den Anspruch, vollständig zu sein und die Realität

---

[1] sinngemäß nach dem Englischen Originalton: D.J. Lovell, 2004, S.11 Abs. 1
[2] vgl. D.J. LOVELL, 2004, S.44 Abs.1
[3] MORSCH, 2003, S.49
[4] ebd.

vollständig zu erfassen, sondern helfen uns die Welt in dem gewissen Maße zu verstehen, so wie wir es gerade brauchen. Zu Newtons Zeiten glaubten die Wissenschaftler, dass man mithilfe einer einzigen physikalischen Theorie, der Newtonschen Mechanik, alle Phänomene in der Physik erklären und ein einheitliches Weltbild schaffen kann. Zur Jahrhundertwende vom 19. ins 20. Jahrhundert dachten die meisten Physiker, dass man kurz davor stünde, alles was es zu erforschen gibt, erforscht zu haben. Aus ihrer Sicht hätte lediglich noch die Messgenauigkeit gesteigert werden können.[5] Mit diesem Glauben lagen sie jedoch völlig falsch. Die großen Revolutionen der Physik des 20. Jahrhunderts, die Relativitätstheorie und die Quantenphysik, sind eng mit der Suche nach der Antwort auf die Frage „Was ist das Licht" verknüpft. Wie schwierig deren Beantwortung ist, lässt sich an zwei berühmten Zitaten Einsteins festmachen:

„Den Rest meines Lebens werde ich darüber nachdenken, was Licht ist!" (1917)[6]

"Fünfzig Jahre angestrengten Nachdenkens haben mich der Antwort auf die Frage ‚Was sind Lichtquanten?' nicht näher gebracht. Heute bilden sich Hinz und Kunz ein, es zu wissen. Aber da täuschen sie sich." (1951)[7]

Der Weg zur heutigen Beschreibung des Lichtes war weit und erforderte von den Wissenschaftlern Höchstleistungen „[...] der Erkenntnis, Phantasie und Erfindungsgabe [...]", wie in „[...] keinem anderen Gebiet der Wissenschaft [...]", äußerte 1925 J.J. Thomson.[8]

2 Antike Vorstellungen von Licht

„Im Anfang schuf Gott Himmel und Erde; die Erde aber war wüst und wirr, Finsternis lag über der Urflut und Gottes Geist schwebte über dem Wasser. Gott sprach: Es werde Licht.
Und es wurde Licht. Und Gott sah, dass das Licht gut war. [...]" – Genesis 1,1-1,4[9]

Das Licht faszinierte die Menschen im unmittelbaren Wortsinne schon seit Urzeiten. Ganz abgesehen von der religiösen Symbolik des Lichtes, welche sich bereits sehr früh in der Menschheitsgeschichte entwickelt hat und sich auch heute noch in den Weltreligionen wiederfindet, liegen auch die Wurzeln der Lichtforschung in der Antike.[10] Als klassische Epoche der Lichtforschung kann man die Zeit von den antiken griechischen Philosophen bis ins

[5] MORSCH, 2003, S.50 Abs. 2
[6] http://www.leifiphysik.de/themenbereiche/quantenobjekt-elektron
[7] GRIBBIN, 1996, S.13
[8] LIEDTKE/POPP, 2006, S.19 Abs. 3
[9] HERDER, 2006, S.5
[10] Gesamtes Kapitel nach KILIAN/ASCHEMEIER, 2012, S.12 ff.

19. Jahrhundert zu Zeiten Thomas Youngs bezeichnen.[11] Klassisch im Sinne von einer wissenschaftlichen Hochleistung in der Mathematik und in der Optik. Hinsichtlich der begrenzten technischen Möglichkeiten der griechischen Philosophen sind ihre Beschreibungen über die geometrische Optik erstaunlich. Sie erkannten grundlegende Gesetzmäßigkeiten der Strahlenoptik wie Reflexion und Strahlenausbreitung und konnten diese auch berechnen.[12] Bei archäologischen Ausgrabungen fand man optische Linsen, die auf etwa 3500 Jahre vor Christus datiert werden.[13] Im dritten Jahrhundert nach Christus setzte Euklid in seinem Werk ‚Optik' den Grundstein einer Wissenschaft, die durch die Mathematik geprägt war. Das bloße Beobachten und Beschreiben von Lichtphänomenen reichte jedoch nicht mehr aus, es wurden mathematische Zusammenhänge gesucht. Euklid gehörte zu der großen Gruppe der Philosophen, die an verschiedenen Variationen der Sehstrahltheorie festhielten. Prominente Namen wie Pythagoras, Aristoteles und Platon gehörten zu den Unterstützern dieser Theorie.

Heute ist es wohlbekannte Tatsache, dass die Netzhaut unserer Augen auf Lichteinfall reagiert und in Korrelation mit dem Gehirn das Sehen dadurch erst möglich wird. Dies war aber Jahrtausende lang alles andere als selbstverständlich. Die oben erwähnte Sehstrahltheorie besagte, dass das Licht dem Auge entspringt und wie der Strahl eines Leuchtturmes die Außenwelt ertastet. Der Begründer der Geometrie, Euklid, betonte, dass sich diese ‚Sehstrahlen' vom Auge ausgehend geradlinig in verschiedene Richtungen ausbreiten und von der Außenwelt reflektiert werden. Der Ausgangswinkel und die Richtung der reflektierten Strahlen bestimmen Größe und Lage eines gesehenen Gegenstandes. Von diesen Annahmen ausgehend lieferte die euklidische Optik eine Erklärung für das perspektivische Sehen.[14]

Aristoteles vermutete ein „feines Mittel"[15], ein Lichtmedium, in welchem sich das Licht fortpflanzt, analog zu der Schallausbreitung in Luft, Wasser und anderen Medien.

Die Vorstellung eines Lichtäthers wird sich noch bis in das Zeitalter der Lichtwelle zum Ende des 19. Jahrhunderts halten. Ihrer Zeit weit voraus waren auch die Atomisten Demokrit und Epikur, die sich einig waren, dass das Licht aus kleinsten Teilchen bestehe – ein Vorgriff auf den späteren jahrhundertelangen Disput, ob Licht Welle oder Teilchen ist.

Der Römer Lukrez fasste den Gedanken des im 3. Jahrhundert vor Christus lebenden Philosophen Epikur in seinem Werk ‚De rerum natura', auf Deutsch ‚Die Natur der Dinge', zusammen:

> *„Über das Licht und die Wärme der Sonne können wir sagen, auch sie setzen sich aus winzigen Atomen zusammen, die angestoßen sogleich durch den Zwischenraum der Luft in die ihnen durch den Stoß mitgeteilte Richtung eilen."* [16]

---

[11] vgl. GRIBBIN, 1996, S.55
[12] vgl. KILIAN / ASCHEMEIER, 2012, S.13
[13] vgl. D.J. LOVELL, 2004, S.1 Abs. 6
[14] vgl. http://www.joachimschummer.net/kurs/hpp/optik.htm
[15] KILIAN / ASCHEMEIER, 2012, S.15
[16] GRIBBIN, 1996, S.56

3 Von der klassischen Optik zur Quantenoptik

3.1 Die Entwicklung der Optik als Wissenschaftsdisziplin

"Das Licht überliefert das Sichtbare dem Auge; das Auge überliefert's dem ganzen Menschen."
– Johann Wolfgang von Goethe[17]

Auch wenn die Beschreibung des Lukrez aus heutiger Sicht erstaunlich realitätsnah klingt, wurde sie von den meisten Zeitgenossen nicht anerkannt.[18] Er sprach dabei übrigens nicht von den Atomen, wie wir sie heute kennen, sondern von kleinsten unteilbaren Teilchen, lateinisch *atomus*. Erst der arabische Augenarzt Ali al-Hasan ibn al Haitham, kurz Alhazen, schien zur Jahrtausendwende vom ersten ins zweite Jahrtausend nach Christus ein für alle Mal klargestellt zu haben, dass Gegenstände, die wir sehen, entweder selbst leuchten oder das Licht einer anderen Lichtquelle reflektieren. Wieso es so lange gedauert hatte, bis die Sehstrahltheorie der großen griechischen Philosophen angezweifelt und experimentell widerlegt wurde, hatte mehrere Gründe. Das antike Griechenland gehörte seit 146 v. Chr. dem Römischen Reich an, die andauernde Reichskrise, die kriegerischen Auseinandersetzungen und letztendlich der Zerfall des Römischen Reiches in das Oströmische und Weströmische Reich – all dies mündete in den Untergang der römischen und griechischen Kultur. Beim Brand der großen Bibliothek in Alexandria war ein unermessliches Wissen für immer verloren gegangen. In diesen krisenbesetzten Zeiten hatten sich demnach nur noch wenige Wissenschaftler mit dem Licht beschäftigt. Dies änderte sich mit dem Araber Alhazen, er war der herausragende Wissenschaftler des Mittelalters, dessen Leistungen lange Zeit unübertroffen blieben. Neben seinen Abhandlungen über mathematische Probleme gehörten zu seinem Lebenswerk sieben Bücher zur geometrischen Optik. Während also die europäische Wissenschaft in einem ‚dunklen Zeitalter‘ stagnierte[19], bereitete er das nahezu vergessene antike Gedankengut wieder auf und entwickelte es weiter. Sein Werk ‚Opticae thesaurus‘ (‚Der Schatz der Optik‘) bildete den Grundstein einer neu aufkeimenden Euphorie in der Lichtforschung. Die Übersetzung in die lateinische Sprache Ende des 12. Jahrhunderts war Voraussetzung für die spätere Veröffentlichung und Bekanntmachung in Europa. Er stützte seine These, dass der Sehvorgang durch Lichteinfall möglich wird, unter anderem auf das Phänomen der Nachbilder. Betrachtet man nämlich eine helle Lichtquelle über längere Zeit und schließt dann seine Augen, sieht man einen nachwirkenden Lichtfleck in der Komplementärfarbe.[20] Dies konnte seiner Meinung nach nur auf einen äußeren Einfluss zurückzuführen sein und widersprach somit der Theorie eines aus dem Augeninneren stammenden Lichtes. Die Sehstrahltheorie liefert auch keine Erklärung,

---

[17] http://de.wikiquote.org/wiki/Licht
[18] Folgender Absatz nach GRIBBIN, 1996, S.56 ff.
[19] vgl. D.J. LOVELL, 2004, S.5 Abs.2
[20] MORSCH, 2003, S.26 Abs. 3

wieso das Sehen im völligen Dunkeln nicht möglich ist. Seine Studien über die ‚Camera obscura' ergänzten die frühen Formulierungen des Aristoteles experimentell und trugen zu einem besseren Verständnis der Strahlenoptik und des Sehvorgangs bei. Eine solche Lochkamera kann man sich auch selbst bauen, indem man bei einem Schuhkarton eine Seite herausschneidet, diese durch ein Blatt Transparentpapier ersetzt und in die gegenüberliegende Seite ein kleines Loch schneidet. Nachfolgende Abbildungen zeigen den Selbstversuch:

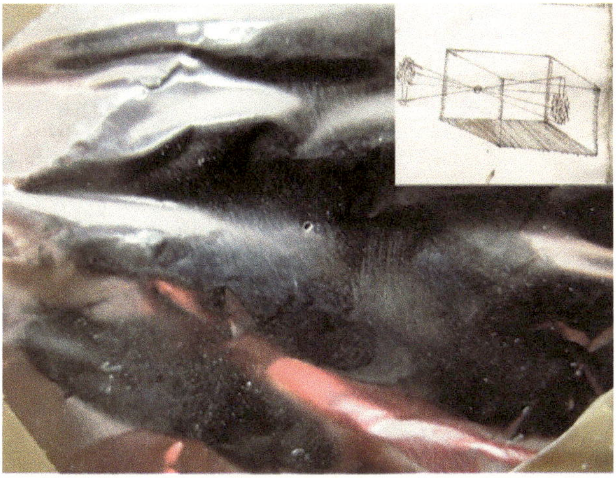

Stecknadelgroßes Loch in einem mit Alufolie verkleideten Fenster des Kartons.[21]

Die mit Transparentpapier verkleidete Seite zeigt ein kopfstehendes, seitenverkehrtes Bild der Flamme. Das langzeitbelichtete Foto wurde in einem abgedunkelten Raum aufgenommen.[22]

[21] Private Fotografie des Autors; Abb. oben rechts: http://de.wikipedia.org/wiki/Camera_obscura
[22] Private Fotografie des Autors

Die entscheidende Konsequenz die Alhazen aus dem Experiment zog, war die geradlinige Ausbreitung von Lichtstrahlen. Auch wenn die Strahlenoptik nur einfache Gesetzmäßigkeiten der Lichtausbreitung beschreibt, erklärt sie die Funktionsweise von Linsen, Spiegeln und wichtiger optischer Instrumente, wie Mikroskope und Fernrohre. Das Titelblatt des ‚Thesaurus opticus' zeigt die legendären Brennspiegel von Archimedes, mit denen man angeblich feindliche Schiffe in Brand setzen konnte. Aufgrund des für die damaligen Verhältnisse enormen Materialaufwandes und der extremen Größe der Spiegel sind diese jedoch in unmittelbarem Wortsinne mehr Legende als wahre Begebenheit.[23] Heutzutage ist der Bau solcher massiven Parabolspiegel in der Tat möglich und findet zum Beispiel Anwendung in der Energieerzeugung.[24]

Titelblatt ‚Thesaurus opticus'[27]

Alhazen glaubte, dass das Licht sich aus einem Strom kleinster Teilchen zusammensetzte, welche sich geradlinig fortpflanzen und von bestimmten Gegenständen zurückgeworfen werden.
Er erkannte auch, dass Licht sich zwar sehr schnell, aber nicht mit unendlicher Geschwindigkeit ausbreitet.[25] Die Lichtbrechung beim Übergang von einem optisch weniger dichteren Medium in ein optisch dichteres Medium und umgekehrt erklärte er mit dem „Prinzip der kürzesten Zeit"[26]:

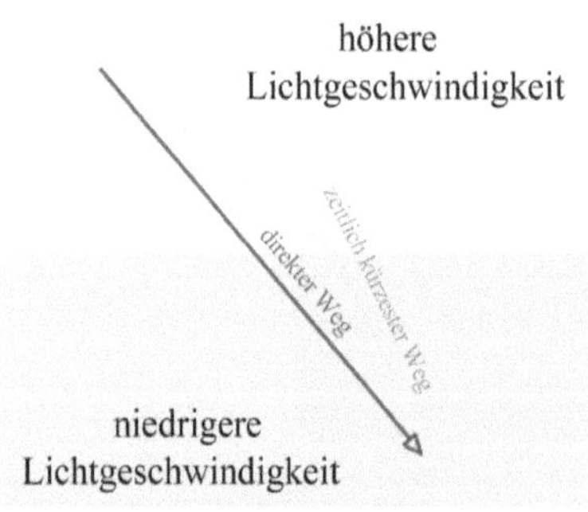

Lichtbrechung nach dem Fermatschen Prinzip

Die Lichtgeschwindigkeit in dem optisch weniger dichten Medium Luft ist etwas größer als die im optisch dichteren Medium Wasser. Der Lichtstrahl folgt nicht dem geometrisch kürzesten Weg, der direkten Verbindungsstrecke von Punkt A zu B, sondern dem zeitlich kürzesten.

---

[23] vgl. KILIAN / ASCHEMEIER, 2012, S.15
[24] vgl. DUDEN PAETEC: Basiswissen Technik, schuelerlexikon.de, Stichwort: Solarthermie-Kraftwerk
[25] Sinngemäß nach GRIBBIN, 1996, S.60
[26] Folgender Abschnitt frei nach: MORSCH, 2003, S.44
[27] http://de.wikipedia.org/wiki/Schatz_der_Optik

Dies lässt sich am besten an dem Beispiel mit dem Rettungsschwimmer veranschaulichen. Die gedachte Situation bei diesem Modell ist folgende: Ein Ertrinkender soll von einem Rettungsschwimmer so schnell wie möglich gerettet werden. Dabei hätte der Schwimmer die Option, den direkten Weg zum Ziel zu wählen, der blau eingezeichnet ist. Um jedoch so schnell wie möglich zu dem Ertrinkenden zu kommen, muss er einen Umweg wählen und eine längere Strecke an Land laufen, weil er dort schneller ist, um die geschwommene Strecke im Wasser zu verkürzen. Oliver Morsch vergleicht das Verhalten von Licht in seinem Fachwerk ‚Licht und Materie' mit dem Autofahren: Häufig wählt man eine längere Strecke auf der Autobahn um die Reisezeit zu verkürzen. Man fährt zwar mehr Kilometer, aber kommt schneller an das Ziel.[28] Wieder aufgegriffen wurde dieser Gedanke von Pierre de Fermat, daher auch die spätere Namensgebung, das Fermatsche Prinzip. Solche Gedankenexperimente, aber auch praktisch durchgeführte Experimente traten erst wieder im 17. Jahrhundert vermehrt auf. In jenen Tagen entflammte eine neue Euphorie in der europäischen Lichtforschung, der ‚Opticae thesaurus' wurde nämlich erst durch die Erfindung des Buchdrucks Mitte des 15. Jahrhunderts massenhaft für die Gebildeten in Europa zugänglich. Nach der „dunklen Epoche"[29] des Mittelalters erfuhren die Lehren des Altertums im unmittelbaren Wortsinne ihre Renaissance, sie gehörten nun zu dem Standartrepertoire von wissenschaftlichen und philosophischen Vorlesungen. Der im Jahre 1596 geborene Franzose René Descartes entwickelte zu dieser Zeit die Äthertheorie des Lichtes und untersuchte den von Willebrord Snellius errechneten Brechungsindex.[30] Ein berühmter Versuch zur Lichtgeschwindigkeit stammte von einem Zeitgenossen Descartes. Der Naturwissenschaftler Galileo Galilei hatte folgenden Vorschlag zur Messung der Lichtgeschwindigkeit: Er und ein Gehilfe, beide ausgerüstet mit einer abblendbaren Laterne, stiegen auf zwei sich gegenüberliegende Berggipfel. Immer wenn Galilei seine durch eine Blende verdeckte Laterne scheinen ließ, deckte sein Gegenüber seine Laterne auf. Die Überlegung war, dass Galilei die Zeitdauer dieser Prozedur maß und in Abhängigkeit zur Entfernung die Lichtgeschwindigkeit berechnen konnte. Das Experiment scheiterte vor allem, weil das Licht zu schnell ist - allein die Reaktionszeit der beiden ist größer als die Zeit, die das Licht für die Strecke gebraucht hatte.[31] Es war deswegen völlig gleich, von welchem Berg aus er das Experiment durchführte, die gemessenen Zeiten unterschieden sich nicht signifikant. Er nahm deswegen an, dass Licht viel schneller als Schall sein musste, wenn nicht sogar unendlich schnell. Es waren also viel größere Entfernungen nötig, um eine Messung durchzuführen. Einen weiteren wichtigen Schritt zur Berechnung der Lichtgeschwindigkeit nahm der dänische Astronom Ole Rømer im Jahre 1675 vor. Seit geraumer Zeit beobachtete er die Monde des Jupiters und maß die Zeiten, zu denen diese durch den Jupiter verdeckt wurden.

---

[28] ebd., S.44 Abs. 2
[29] D.J. LOVELL, 2004, S.4 Abs. 6
[30] ebd., S.25 Abs. 5
[31] Folgender Abs. nach: MORSCH, 2003, S.28 Abs. 2 und http://www.bodensee-sternwarte.de/wissenswertes/die-lichtgeschwindigkeit-wird-gemessen.html

Die Verfinsterungen schienen vom Abstand der Erde zu den Jupitermonden abhängig zu sein, die zeitliche Verschiebung betrug bis zu 16 Minuten. Diese Differenz kommt zustande, weil die Erde, je nach ihrer Position in der Umlaufbahn um die Sonne, einen unterschiedlich großen Abstand zu den Jupitermonden besitzt. Das Licht musste also eine endliche Geschwindigkeit besitzen, so dachte auch Ole Rømer.

Der Irrtum Newtons

Einige Jahre später veröffentlichte einer der bedeutendsten Wissenschaftler aller Zeiten, Sir Isaac Newton, eine theoretische Abhandlung über die Natur des Lichtes. [32] Der junge Newton hatte sich die Werke von Galilei, Kepler und Descartes verinnerlicht, aber auch gleichzeitig Vorlesungen über die alten griechischen Philosophen besucht. Mitte des 17. Jahrhunderts bestimmten zwei Lichttheorien den wissenschaftlichen Disput über das Licht. Zum einen gab es die Vorstellung, dass das Licht aus einem Strom kleinster Teilchen besteht, welche sich sehr schnell ausbreiten - die sogenannte Korpuskulartheorie - und zum anderen die Äthervorstellung, die hauptsächlich von René Descartes entwickelt wurde. Geht man nach dem Franzosen, ist das gesamte Universum mit einem ‚Plenum' gefüllt. Leuchtende Objekte senden Lichtimpulse aus und die Lichtinformation wird durch Druckwellen übertrage. Newton stand letzterer Theorie eher skeptisch gegenüber und war ein großer Unterstützer der Korpuskulartheorie. Im Gegensatz zu den griechischen Philosophen und vielen Physikern vor ihm arbeitete er methodisch und er war ein begeisterter Experimentalphysiker. Wie es auch heute üblich ist, stellte er zuerst eine Hypothese auf und überprüft diese durch mehrere Versuche. Dabei hielt er die Versuchsbeobachtungen und Folgerungen schriftlich fest. Er schrieb diese in seinem Werk ‚Neue Theorie über Licht und Farben' nieder. Zu der damaligen Zeit war schon bekannt, dass man mithilfe eines Prismas weißes Licht in ein Regenbogenspektrum aufspalten kann. Den Lehren des Aristoteles nach wird das ‚reine' weiße Licht nämlich durch das Prima „verdorben".[33] Newton stellte jedoch zwei Prismen hintereinander auf, sodass der Lichtstrahl zuerst in ein Regenbogenspektrum aufgespalten wird und dann wieder auf einen weißen Lichtpunkt gebündelt wird, anstatt noch stärker „verdorben" worden zu sein. Eine weitere Schlussfolgerung die Newton zog, war, dass weißes Licht aus Korpuskel verschiedener Farben besteht, die unterschiedlich stark gebrochen werden. Seine Farbentheorie widerlegte somit die alte griechische Lehre und erklärte die sogenannte Dispersion, welche man damals besonders in großen Fernrohren beobachten konnte. In den folgenden Jahren suchte er Wege die „chromatische Aberration"[34] bei der Konstruktion von Fernrohren einzudämmen und ihm wurde durch die neuartige Erfindung die Ehre zuteil, in die Royal Society aufgenommen zu werden. In den sechziger Jahren des 17. Jahrhunderts nahmen der Engländer Robert Hooke und der Holländer Christian Huygens langsam aber sicher Kurs auf eine vollständige Ausarbeitung

[32] Abschnitt nach GRIBBIN, 1996, S.62 ff. und KILIAN / ASCHEMEIER, 2012, S.20 ff.
[33] GRIBBIN, 1996, S.69
[34] GRIBBIN, 1996, S.71

Wellentheorie. Auch diese Theorie basierte auf die Äthervorstellung, die Lichtwellen breiten sich ähnlich wie Wasserwellen oder Schallwellen in einem Trägermedium aus. Christian Huygens verwendete die Daten von Ole Rømer und errechnete eine Lichtgeschwindigkeit von 230 000 km/s. Diese lag nur etwa 20% unter der tatsächlichen Lichtgeschwindigkeit im Vakuum.

Bis heute berühmt ist auch das nach ihm benannte Huygenssche Prinzip der Elementarwellen, mit denen er Brechung, Beugung, Reflexion und Interferenz erklären konnte. Dabei überlagern sich unendlich viele Elementarwellen zu einer Wellenfront.

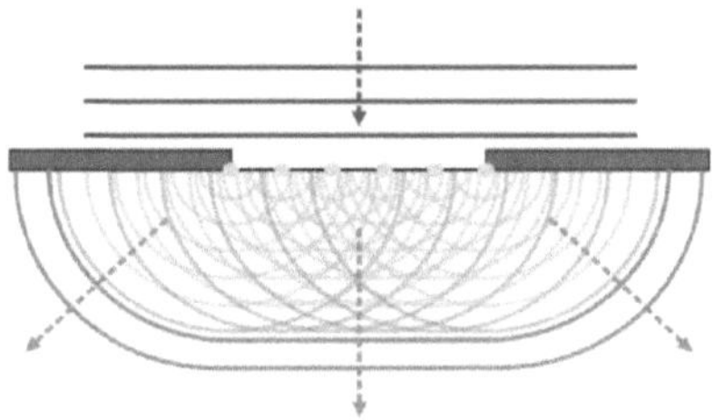

Huygenssche Prinzip am Einfachspalt[35]

Mithilfe dieses Prinzips veranschaulichen noch heute die meisten Schulbücher wie sich eine Wellenfront hinter einem oder mehreren Spalten verhält. Einen zwingenden Beleg dafür, dass sich das Licht auch als Welle ausbreitet, konnte Huygens trotz aller mathematischen Spielereien nicht liefern.[36] Bei der Erklärung des Brechungsgesetzes ging Huygens davon aus, dass die Lichtgeschwindigkeit im optisch dichteren Medium geringer ist, dies stand im direkten Widerspruch zu der Korpuskulartheorie Newtons. In seinen Berechnungen musste Newton nämlich annehmen, dass die Lichtgeschwindigkeit im Wasser größer ist als in der Luft. Um diesen Streit beilegen zu können, hätte man also eine Messung der Lichtgeschwindigkeit in optisch dichteren und weniger dichteren Medien durchführen müssen, Newton erlebte dies jedoch nicht mehr zu Lebzeiten.

Was er jedoch erlebte, war ein entbrannter Streit mit einem Verfechter der Wellentheorie, Robert Hooke. Dessen Buch ‚Micrographia' enthielt zahlreiche Gegenthesen zur Korpuskulartheorie. Da Newton nicht zu Unrecht als einer der größten Physiker aller Zeiten gezählt wird, bahnbrechende Errungenschaften wie die Infinitesimalrechnung und die Gravitationstheorie wurden von der damaligen Wissenschaftswelt gefeiert, fand seine Teilchentheorie großen Anklang. Jedoch blieb die Korpuskeltheorie nicht ohne Kritiker. Seitdem der italienische Physiker und Mathematiker Francesco Grimaldi auf das Phänomen der Beugung hingewiesen hatte, fragte man sich, wie dies mit der Teilchentheorie zu vereinbaren ist. Trotzdem blieb sie lange Zeit die vorherrschende Vorstellung in der Lichtforschung.

[35] http://commons.wikimedia.org/wiki/File:Refraction_on_an_aperture_-_Huygens-Fresnel_principle.svg
[36] vgl. MORSCH, 2003, S.30 Abs.1

Ein historischer Moment

Dem Briten Thomas Young[37] stellte sich die Frage nach der Vereinbarkeit der Korpuskulartheorie mit der Lichtbeugung nicht, losgelöst von allen alten Ansichten sollte er der Wellentheorie durch ein äußerst bedeutsames Experiment zum Durchbruch verhelfen: dem Doppelspaltversuch. Der historische Moment, als er einen Lichtstrahl durch zwei Spalte schickte, ereignete sich im Jahre 1801. Aus der Sicht des schon längst verstorbenen Newtons wäre das Ergebnis, das auf dem Beobachtungsschirm hinter dem Doppelspalt zu sehen wäre, klar: Die Lichtkorpuskeln würden sich geradlinig durch die Spalte bewegen und auf den Schirm treffen. Es müssten also zwei helle Streifen zu sehen sein. Das war jedoch nicht der Fall. Auf dem Beobachtungsschirm war ein Hell-Dunkel Muster zu erkennen, ein Interferenzmuster, wie es bei Wellen üblich ist. Die Überlagerung der beiden Lichtwellen, auch Superposition genannt, führte zu Auslöschung und Verstärkung, außerdem konnte Young nun auch die Wellenlänge des Lichtes berechnen – ein unschlagbares Argument für die Wellennatur des Lichtes. *„Wenn ein Wellenberg und ein Wellental aufeinandertreffen, so löschen sich beide gegenseitig aus, wogegen zwei Wellenberge sich zu einem doppelt so hohen Berg summieren."*[38]
Unterschieden wird die sogenannte destruktive Interferenz, die zur Auslöschung führt und die konstruktive Interferenz, die zur Addition der beiden Amplituden führt.

Wenn sich die relativen Amplituden beider Wellen unterscheiden, kommt es logischerweise nur zu einer partiellen Auslöschung. Die Newtonschen Experimente mit Prismen erklärte er mit den verschiedenen Wellenlängen, die in weißem Licht enthalten ist. Je nach Wellenlänge wird das Licht stärker oder schwächer abgelenkt. Nun fanden es jedoch viele Zeitgenossen einen „unerhörten Vorgang"[39] den großen Newton des Irrtums zu beschuldigen. Dass sich etwa Lichtstrahlen auslöschen können, widersprach ihrem Weltbild. Einer dieser Bestreiter der Wellennatur des Lichtes bezeichnete das als „eine der unverständlichsten Annahmen, die jemals in der Geschichte des menschlichen Theoretisierens vorgebracht worden sind."[40] Es bedurfte also eines weiteren großen Wissenschaftlers um die Wissenschaftswelt von der Lichtwellentheorie zu überzeugen. Völlig unabhängig und ohne Kenntnis von den Arbeiten Youngs entwickelte er eine Theorie, die unter anderem das Beugungsphänomen erklären konnte. Nach Beendigung der blutigen Napoleonischen Kriege schrieb die französische Akademie der Wissenschaften 1817 einen Wettbewerb aus[41], für das beste Experiment zur Untersuchung der Lichtbeugung. Es gab lediglich zwei Einsendungen, Erstere wurde als

[37] (1773 - 1829)
[38] MORSCH, 2003, S.44 Abs.3 ff.
[39] KILIAN / ASCHEMEIER, 2012, S.25
[40] GRIBBIN, 1996, S.81
[41] ebd., S.82 ff.

unsinnig gewertet und nicht weiter dokumentiert, die zweite jedoch verfasste Augustin Jean Fresnel. Das Beugungsphänomen untersuchte er unter anderem mit einem simplen Versuch: Anstatt Licht durch zwei Spalte zu schicken, ließ er einen Spalt weg. Interferenz lässt sich ja bekanntermaßen auch an einem Spalt erkennen. Statt des einen Spaltes verwendete er jedoch ein schmales Hindernis, sodass an den Rändern des auf den Schirm geworfenen Schattens Beugungsphänomene zu beobachten waren. Sofort nach Bekanntgabe der Wahl der Jury erhoben sich kritische Stimmen gegen die Abhandlung Fresnels. Seinen Berechnungen zufolge müsste hinter eine in einen Lichtstrahl gehaltene Kugel ein weißer Punkt in der Mitte des dunklen Schattens zu erkennen sein, wie der Mathematiker Poisson, wohlgemerkt ein Kritiker Fresnels, bemerkt hatte. Und tatsächlich: Bei der Durchführung dieses kleinen Experimentes erschien ein kleiner Lichtfleck mittig im Schatten des Gegenstandes, heute auch Poissons Fleck genannt. Somit ist die Theorie Fresnels sowohl kritisch von der Jury geprüft, als auch experimentell bestätigt worden. Im Laufe der Zeit gewann die Wellentheorie immer mehr Anhänger für sich.[42] Fresnels größter Beitrag zur Wellentheorie war die Erkenntnis, dass sich Licht als Transversalwelle ausbreitet, die senkrecht zu ihrer Ausbreitungsrichtung schwingt, im Gegensatz zu Schallwellen, die longitudinal in Ausbreitungsrichtung schwingen. Dieses Wissen führte dazu, dass man die Polarisation von Licht erklären konnte. Die ursprünglich von Étienne Louis Malus[43] entdeckte Polarisation bedeutet, dass die transversale Lichtwelle eine spezifische Schwingungsrichtung, die senkrecht zu ihrer Ausbreitungsrichtung ist, besitzt. Eine heutige Anwendung sind die sogenannten Polarisationsfilter, die nur Licht mit einer bestimmten Schwingungsrichtung durchlassen und das restliche Licht absorbieren. Im Alltag begegnen sie uns bei Polaroid-Sonnenbrillen[44], die meist nur vertikal polarisiertes Licht durchlassen und somit eine Blendung, etwa durch Wasseroberflächen vermieden wird. Dies findet auch Anwendung in der Fotografie.[45] Im Laufe der nächsten Jahre wurden eine Vielzahl von Experimenten zur Wellennatur des Lichtes erfolgreich durchgeführt und spätestens Mitte des 19. Jahrhunderts zweifelte niemand mehr an der Wellentheorie, während die Korpuskulartheorie ad acta gelegt wurde.

Nachdem schon Michael Faraday 1846 vermutet hatte, dass elektrische und magnetische Felder sich wie Wellen ausbreiten, gab James Clerk Maxwell dem ein mathematisches Gewand. Maxwells Wellengleichung offenbarte, dass die Ausbreitungsgeschwindigkeit dieser Felder mit der damals bekannten Lichtgeschwindigkeit übereinstimmte. Nach zahlreichen Experimenten, unter anderem auch von Heinrich Hertz, war es offensichtlich, dass das Licht eine elektromagnetische Welle ist, die aus dem Ineinandergreifen von magnetischen und elektrischen Feldern resultierte.[46]

---

[42] Folgender Abs. nach MORSCH, 2003, S.35
[43] vgl. D.J. Lovell, 2004, S.67 Abs. 8
[44] vgl. GRIBBIN, 1996, S.161
[45] vgl. KILIAN / ASCHEMEIER, 2012, S.29
[46] vgl. LIEDTKE / POPP, 2006, S.12

Ein Äther, den es nicht gibt

Die zweite Ausgabe der Encyclopedia Britannica aus dem Jahre 1780 ordnete dem Begriff Licht folgende Beschreibung zu: „ *[...] [Light is defined as an] invisible etherial matter which makes objects perceptible to our sense of seeing.* “[47] Die damalige Wissenschaft war davon überzeugt, dass man nun wirklich alles über das sichtbare Licht wusste: es breitete sich mit transversalen Schwingungen aus und besaß eine Wellenlänge von etwa 0,4 (violettes Licht) bis 0,7 (rotes Licht) Mikrometer.[48] Wie aus dem Eintrag deutlich wird, glaubte man noch immer, dass ein Lichtäther *(ether)* existieren musste, wie auch schon Descartes und auch Aristoteles es vermutet haben. Auch wenn sich die Korpuskulartheorie Newtons als falsch erwiesen hatte, glaubten die Physiker immer noch, die Welt mit der Newtonschen Mechanik erklären zu können. Denn wenn Licht ein mechanisches Phänomen war, musste ein Medium existieren, in welchem die sich die Lichtwellen ausbreiten können, so die Logik der Wissenschaftler. Doch war dessen Existenz eben noch nicht bewiesen worden. Im Jahre 1887 hatten Albert A. Michelson und Edward W. Morley die Absicht diesen Makel experimentell aus dem Weg zu räumen und endgültig die Existenz eines Äthers nachweisen. Dazu wollten sie sich den ‚Ätherwind' zunutze machen. Weil die Erde sich auf ihrer Umlaufbahn um die Sonne mit etwa 30 Kilometern pro Sekunde bewegt und damit auch gleichzeitig relativ zum Äther, gingen sie davon aus, dass eine Bewegung von Licht entgegen der Bewegungsrichtung des Ätherwindes eine Auswirkung auf die Lichtgeschwindigkeit haben musste. Man kann sich das vorstellen, wie als ob man sich an Bord eines fahrenden Schiffes befindet und einen an selbiges festgebundenen Schwimmer einmal gegen und einmal mit der Fahrtrichtung schwimmen lässt. Beim Schwimmen entlang der Fahrtrichtung des Schiffes würde dieser einen starken Strömungswiderstand spüren und langsamer vorankommen. Der Beobachter auf dem Schiff würde, auch wenn er das Wasser nicht sehen könnte, erkennen, dass der Schwimmer gegen einen Widerstand anschwimmt. Das Messinstrument, welches diesen Widerstand, den Ätherwind, nachweisen sollte, wird heute Michelson-Morley-Interferometer genannt.

Die vereinfachte Funktionsweise des Interferometers ist folgende: Man schickt einen Lichtstrahl auf einen halbdurchlässigen Spiegel in 45°-Stellung und schafft dadurch zwei verschiedene Lichtwege. Jeweils die Hälfte des ursprünglichen Lichtstrahles wird am Ende der zwei aufeinander senkrecht stehenden Arme des Interferometers von einem Spiegel zurück reflektiert und treffen wieder auf den halbdurchlässigen Spiegel. Den Teil des Lichtes, der wieder in Richtung des Ursprungs reflektiert wird, lassen wir unberücksichtigt. Die restlichen Lichtstrahlen, oder besser gesagt Lichtwellen, treffen auf den Beobachtungsschirm. Der Strahl bewegt sich zunächt mit dem Ätherwind und dann gegen den Ätherwind – dies führte zu einer Phasenverschiebung der schnelleren im Vergleich zur langsameren Welle und damit zu einem

---

[47] D.J. LOVELL, 2004, S.41 Abs. 2

[48] Der gesamte Abschnitt vorwiegend nach: MORSCH, 2003, S.38/39

Interferenzmuster. Bevor einige von ihnen nun darüber grübeln, ob sich damit der Ätherwind denn nicht aufhebt – dies muss verneint werden. Ein Schiff, das zunächst mit Rückenwind fährt und dann gegen den gleichen Wind zurück, braucht in der Summe länger als ohne Wind. Mit diesem sowohl raffinierten, als auch einfachen Prinzip sollten auch kleinste Unterschiede der Lichtgeschwindigkeiten bei der Lichtausbreitung mit und gegen den ‚Ätherwind' sichtbar gemacht werden. Das Experiment war ein Erfolg, jedoch nicht in dem Sinne, wie es die Michelson und Morley beabsichtigt hatten. So oft sie auch das Experiment wiederholt hatten, die Lichtstrahlen beider Lichtwege, ob mit oder gegen die Bewegungsrichtung der Erde, waren gleichschnell. Obwohl beide fest von der Existenz eines Äthers geglaubt haben, mussten sie zugeben, dass es keine Anzeichen für einen Ätherwind gab. Somit hatten sie das Gegenteil von dem bewiesen, welches sie beweisen wollten: die Nichtexistenz eines Lichtäthers. Die Rettungsversuche der folgenden Jahre waren nicht von Erfolg gekrönt, die Äthertheorie konnte nicht mehr aufrechterhalten werden. Das Verständnis von der Lichtgeschwindigkeit als Naturkonstante war von äußerster Bedeutung für die Entwicklung einer der zwei großen Revolutionen der Physik des 20. Jahrhunderts, der Relativitätstheorie.

4 Das Licht in der Quantenphysik

Der Ritt auf dem Lichtstrahl

Weniger als zwei Jahrzehnte nach dem Michelson-Morley Experiment sollte sich Albert Einstein, „[...] ein Angestellter des Berliner Patenamtes [...]“[49], mit der Lichtausbreitung im Raum beschäftigen und den Wissenschaftsdiskurs des nächsten Jahrhunderts tiefgründig prägen. Eine ausführliche Erklärung der Relativitätstheorie würde den thematischen und fachlichen Rahmen der Arbeit sprengen, wir beschränken uns deswegen auf einen kurzen Abriss einiger wichtige Aspekte der speziellen Relativitätstheorie, die 1905 zunächst unter dem Namen „Zur Elektrodynamik bewegter Körper“[50] erschien. Schon in jungen Jahren überlegte sich Einstein, wie man sich einen ‚Ritt auf einem Lichtstrahl' vorstellen könnte. Wenn es einem möglich wäre, so sein Gedankenexperiment, sich genau so schnell wie Licht fortzubewegen, dann müsste man das Licht stillstehen sehen. Und das wäre aus seiner Sicht schlichtweg nicht möglich. Rufen sie sich nochmal die Definition Maxwells ins Gedächtnis. Eine elektromagnetische Welle, wie Licht es ist, entsteht durch das Ineinandergreifen von magnetischen und elektrischen Feldern. Würde man sich aber nun mit der gleichen Geschwindigkeit wie das Licht fortbewegen, wären diese Felder aus der eigenen Sichtweise „stationär“, würden also stillstehen.[51] Ein stationäres Magnetfeld kann aber kein neues

[49] MORSCH, 2003, S.40 Abs. 1
[50] LIEDTKE / POPP, 2006, S.14
[51] vgl. GRIBBIN, 1996, S.114

elektrisches Feld erzeugen und ein stationäres elektrisches Feld kein neues Magnetfeld. Losgelöst von der klassischen Newtonschen Mechanik war er also der festen Überzeugung, dass man nicht in der Lage ist „[e]inen Lichtstrahl einzuholen [...]"[52]. In seiner ‚speziellen Relativitätstheorie' findet sich ein weiterer für uns interessanter Aspekt: In allen Bezugssystemen, auch Inertialsysteme genannt, bewegt sich Licht immer mit Lichtgeschwindigkeit *(c)*. Auch wenn man sich in einem Raumschiff befinden würde, das sich mit 99% von c fortbewegt, würde man einen Lichtstrahl, der von den Scheinwerfern des Schiffes ausgeht, sich immer noch mit Lichtgeschwindigkeit ausbreiten sehen. Frühe Bestätigung fand seine Theorie durch das schon durchgeführte Michelson-Morley-Experiment, welches zeigte, dass es für die Geschwindigkeit des Lichtes irrelevant ist, ob es sich entlang oder gegen die Bewegungsrichtung der Erde ausbreitet.

Ein Quantensprung für die Lichtforschung

Bisher haben wir uns auf die Wellennatur des Lichtes beschränkt, die ja schon eindrucksvoll von Thomas Young und seinen zahlreichen Anhängern demonstriert worden ist. Nun gab es jedoch jenen Versuch von Wilhelm Hallwachs, der langsam Zweifel an einer allgemeingültigen Wellentheorie aufkommen ließ. Dabei stellte er fest, dass Licht bestimmter Wellenlängen Elektronen aus Metallen ‚herausschlagen' kann, das aber völlig der Wellennatur des Lichtes widerspricht. Oliver Morsch untermauert diesen Widerspruch mit folgender Beschreibung:

> *„Um Physikstudenten die Bedeutung [dieser] physikalischen Neuerungen erkennen zu lassen, lassen Dozenten sie gerne eklatant falsche Berechnungen nachvollziehen. Ausgehend von den um 1900 herrschenden Vorstellungen vom Wesen elektromagnetischer Strahlung lässt sich leicht ausrechnen, wie lange man [...] bestrahlen muss, bis das erste Elektron aus der Oberfläche austritt. [...] [Das sollte passieren], sobald [das Elektron] genügend Energie [von der Lichtwelle] aufgesammelt hat. Setzt man die für die damaligen Experimente typische Zahlen ein, so kommt man auf die Zeit von mehreren Stunden."*[53]

Es stellte sich jedoch heraus, dass der Photoelektrische Effekt mit kaum messbarer Verzögerung eintritt. Außerdem ließ sich aus den Experimenten ableiten, dass der Elektronenstrom von der Wellenlänge abhängt und nicht von der Intensität. Schickt man etwa langwelliges Licht auf eine Zinkplatte, wird man, so stark man die Intensität auch erhöht, keinen Elektronenstrom feststellen können.

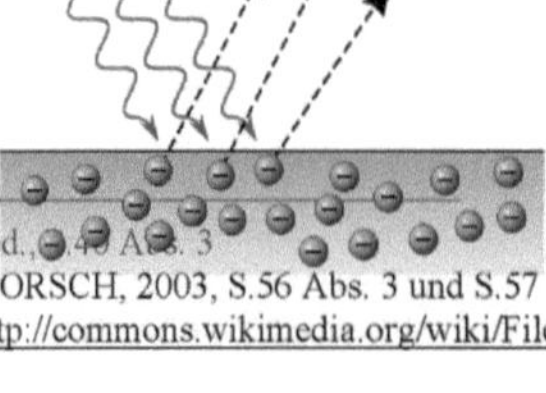

Schematische Darstellung des äußeren photoelektrischen Effekts[54]

[52] ebd., S.4[illegible] Abs. 3
[53] MORSCH, 2003, S.56 Abs. 3 und S.57 Abs. 1
[54] http://commons.wikimedia.org/wiki/File:Fotoelektrischer_Effekt.svg

Wie aber aus dem Zitat deutlich wird, hängt bei der Wellentheorie die übertragene Energie nur von der Intensität ab, nicht von der Wellenlänge. Einige Jahre vorher hatte Max Planck postuliert, dass man sich Energie nicht als kontinuierlichen Fluss vorstellen kann, sondern als Strom von exakt gleich großen Energiepaketen „h".[55] Ausgehend von dem Planckschen Wirkungsquantum „h", postulierte Einstein, dass Licht in Energieportionen, den Photonen, transportiert wird.[56] Je höher also die Frequenz des Lichtes, also je kleiner die Wellenlänge, desto höher ist auch die Energie eines Photons. Dadurch konnte er den Photoelektrischen Effekt einfach erklären: Photonen die eine Energie besitzen, welche größer als die Austrittsarbeit des Metalls ist, können Elektronen aus dem selbigen schlagen. Die Energie des Photons welche darüber hinausgeht, erhält das Elektron als kinetische Energie mit. Das erklärt auch, wieso energieärmeres, also langwelligeres Licht keine Elektronen aus der Zinkplatte schlugen konnten. Übrigens erhielt Albert Einstein 1921 seinen Nobelpreis nicht für seine Relativitätstheorie, sondern eben für die Erklärung des Photoelektrischen Effekts. Nun werden sie sich aber fragen, wie es sein kann, dass Licht Teilcheneigenschaften hat, obwohl schon vielfach bewiesen worden ist, dass Licht sich wellenartig ausbreitet. Einstein hielt jedoch nicht, wie viele Wissenschaftler vor ihm, an der Photonenhypothese fest. Er glaubte nicht daran, dass diese Theorie die absolute Wahrheit ist und er behielt damit Recht.[57] Außerdem konnte die Wissenschaftswelt zu dieser Zeit nicht von der Existenz von Lichtquanten überzeugt werden, die Physiker hielten diese nur für einen geschickten „mathematischen Kunstgriff".[58] Denjenigen, die sich schon etwas mit der Quantenphysik beschäftigt haben, dürfte der Begriff ‚Welle-Teilchen Dualismus' mehr oder weniger geläufig sein. „Gemeinsam mit Max Planck begründete er [Albert Einstein] die Quantenphysik [..]"[59] und das damit zusammengehörige Prinzip des ‚Welle-Teilchen Dualismus'. Zwar sollte man dieses Prinzip nicht pathetisch überbewerten, wie es heute viele selbsternannten Experten tun. Dennoch trägt dieses Prinzip nicht nur in der Schulphysik zu einem besseren Verständnis der Natur des Lichtes bei. Man sollte niemals vergessen, dass dieses Komplementaritätsprinzip nur ein Gedankenkonstrukt ist. Der Schluss, dass das Licht eine Welle, Teilchen oder sogar beides gleichzeitig ist, ist nämlich schlichtweg falsch. Man kann lediglich aussagen, dass das Licht gleichzeitig Teilchen- und Wellencharakteristika besitzt. Und das müssen wir einfach so hinnehmen, denn eine ‚bessere' Erklärung liegt zunächst außerhalb unserer Vorstellungskraft. Kurz gesagt, wir wissen also nicht was Licht ist, können aber trotzdem Vorhersagen über dessen Verhalten treffen. Und dabei hilft uns die Quantenmechanik.

[55] LIEDTKE / POPP, 2006, S.18 Abs. 4
[56] vgl. MORSCH, 2003, S.57 Abs. 3
[57] vgl. LIEDTKE / POPP, 2006, S.19 Abs. 4 und S.20 Ab. 1
[58] GRIBBIN, 1996, S.130
[59] MORSCH, 2003, S.40 Abs. 1

Der Alte würfelt doch - das Doppelspaltexperiment in quantenmechanischer Interpretation

"Es gab eine Zeit, als Zeitungen sagten, nur zwölf Menschen verständen die Relativitätstheorie. Ich glaube nicht, dass es jemals eine solche Zeit gab. Auf der anderen Seite denke ich, es ist sicher zu sagen, niemand versteht Quantenmechanik." – Richard Feynman[60]

"Wohl keine Entwicklung der modernen Wissenschaft hat das menschliche Denken nachhaltiger beeinflußt als die Geburt der Quantentheorie. Jäh wurden die Physiker eine Generation vor uns aus jahrhundertealten Denkmustern herausgerissen und fühlten sich zur Auseinandersetzung mit einer neuen Metaphysik aufgerufen. Bis zum heutigen Tag währen die Qualen, die dieser Prozeß der Neuorientierung bedeutete. Im Grunde haben die Physiker einen schweren Verlust erlitten: sie verloren ihren Halt in der Realität." - Bryce DeWitt und Neill Graham[61]

Nach Richard Feynman, einem der größten Physiker des 20. Jahrhunderts, liegt in dem Doppelspaltversuch das ganze Geheimnis der Quantenphysik.[62] Ob man das nun glaubt oder nicht - die quantenmechanische Interpretation dieses Experimentes bringt viele Charakteristika der Quantenphysik zutage. Die Kopenhagener Deutung, die 1927 von Werner von Heisenberg und Niels Bohr entwickelt worden ist, konnte erstmals quantenmechanische Vorgänge in einer unglaublichen Genauigkeit vorherzusagen, ist dabei aber nicht in der Lage zu erklären, wieso diese stattfinden. Größere Bedeutung für das Verständnis der „Kopenhagener Interpretation“[63] der Quantenmechanik, „[...] wie sie noch heute vorwiegend an Universitäten in aller Welt gelehrt wird“[64], hat die Wellengleichung von Erwin Schrödinger.[65] Hierzu betrachten wir nochmals den Doppelspaltversuch aus dem vorherigen Kapitel der Seminararbeit, in dem Wissen, dass das Licht auch Teilcheneigenschaften besitzt. Erzeugt man also einzelne Photonen und schickt diese nacheinander auf einen Doppelspalt, so erwartet man, dass ein Photon durch einen der Spalte fliegt und dann auf die dahinter installierte Messapparatur auftrifft. Wiederholt man diesen Vorgang in hoher Häufigkeit, wird man feststellen, dass die Lichtquanten hinter den beiden Spalten Interferenz hervorrufen. Woher sollte jedoch das Photon von der Existenz des zweiten Spaltes wissen? Ein wesentliches Charakteristikum von Quantenobjekten ist, dass zwar ihr tatsächliches Verhalten nicht vorhersagbar ist, man aber dafür die Wahrscheinlichkeiten für verschiedene Auftrefforte bestimmen kann. Dabei kommt die Wellengleichung Schrödingers ins Spiel. Mithilfe dieser Gleichung kann man die Wahrscheinlichkeiten für verschiedene Auftrefforte des Photons auf dem Detektorschirm berechnen. Man spricht hier von einer Wahrscheinlichkeitswelle, die den Doppelspalt durchquert, diese ist aber nichts anderes als ein Versuch, die Welleneigenschaften des Lichtes auf das einzelne Photon zu übertragen. Daher auch die häufig genutzte Formulierung, dass „Licht als Welle reist, aber als Teilchen

60 http://de.wikiquote.org/wiki/Quantenphysik
61 ebd.
62 vgl. GRIBBIN, 1996, S.15
63 GRIBBIN, 1996, S.212
64 PAS, 2001, Kapitel 3
65 Folgender Absatz v.a. nach: MORSCH, 2004, S.69

ankommt"[66]. Wahrscheinlichkeitswellen beinhalten alle möglichen Wege, die ein Photon nehmen kann. Diese können wie Wasserwellen miteinander interferieren, daher auch der Terminus ‚das Photon interferiert mit sich selbst'. Das Interferenzmuster verschwindet, wenn man versucht herauszufinden, welchen Weg das Photon nimmt, also welchen der beiden Spalte es passiert. Der Physiker erklärt dies damit, dass im Moment der Messung die Wellenfunktion kollabiert. Während das Photon sich vor der Messung noch in einem Zustand „kohärenter Überlagerung"[67] befindet, das heißt, dass es die Möglichkeit hat, durch den linken oder den rechten Spalt zu fliegen, so führt die Messung dazu, dass diese nun durch ein „tatsächliches Messergebnis"[68] ersetzt wird. Die Existenz der möglichen Wege für das Photon ist notwendig für die Interferenz, legt man durch die Messung einen Weg fest, so kollabiert die Wellenfunktion. Dadurch können die möglichen Wege, beziehungsweise die Wahrscheinlichkeitswellen nicht mehr miteinander interferieren und das Interferenzmuster verschwindet. Man sollte sich jedoch eine Wahrscheinlichkeitswelle nicht wie eine reale Wasserwelle vorstellen, denn sie ist nur ein „abstraktes mathematisches Konstrukt"[69]. Deutlich wird dies in einem Gedicht von Peter Debyes über die „geheimnisvolle Wellenfunktion [psi]": *„Erwin kann mit seinem psi / kalkulieren wie noch nie. / Doch wird nicht jeder leicht einsehen, / psi lässt sich nicht recht verstehen."*[70]

Die wesentliche Problematik der Kopenhagener Deutung ist, dass ihr Fundament auf dem Zusammenbruch der Wellenfunktion, hervorgerufen durch den Vorgang des reinen Beobachtens, liegt und gewissermaßen vor der Messung kein Aufenthaltsort des Photons existiert. Diese Annahme führt zu abstrusen Gedankenspielen wie Schrödingers Katze, die sich in einem überlagerndem Zustand von tot und lebendig befindet, der erst durch eine Messung existent wird. „In Schrödingers Versuchsaufbau hängt das Leben der Katze davon ab, ob ein radioaktives Element zerfällt oder nicht. Solange wir weder prüfen, ob das Element zerfallen ist, noch wie es der Katze geht, ist Schrödingers Katze gleichzeitig tot und lebendig. Oder wie Schrödinger selbst es beschrieb, dass in ihr [der Stahlkammer] die lebende und die tote Katze zu gleichen Teilen gemischt oder verschmiert sind"[71] Die Vorstellung, dass etwas nur existiert, weil wir es beobachten, widerspricht jedoch endgültig dem gesunden Menschenverstand. Eine ausführlichere Untersuchung dieser Gedankengänge würde uns jedoch in die Diskussion, ob nur ein menschlicher Beobachter einen Zusammenbruch der Wellenfunktion herbeiführen kann, und somit in tiefere philosophische Gewässer führen, fernab von prüfbaren Fakten.[72] Ganz kurz jedoch, gewissermaßen zum Abschluss des Kapitels über die Quantenphysik des Lichtes, sollte die Viele-Welten-Theorie genannt werden. Dabei stellen alle möglichen Wege des Photons im

[66] GRIBBIN, 1996, S.28
[67] ebd., S.217
[68] MORSCH, 2004, S.70 Abs. 3
[69] http://www.leifiphysik.de/themenbereiche/quantenobjekt-elektron
[70] MORSCH, 2004, S.69 Abs. 1
[71] PAS, 2001, Kapitel 3
[72] GRIBBIN, 1996, S.32 f.

Doppelspaltversuch jeweils eine eigene Wirklichkeit dar, das heißt sie existieren allesamt gleichzeitig in Paralelluniversen. Parodiert wurde diese Interpretation der Quantenphysik, die nur eine bekannte von vielen repräsentiert, auf dem Titelblatt der Physics World, die mithilfe von bekannten Suchmaschinen abrufbar ist.

5 Modelle als Resultat unserer eingeschränkten Vorstellungskraft

"Die Quantenmechanik ist sehr Achtung gebietend. Aber eine innere Stimme sagt mir, dass das noch nicht der wahre Jakob ist. Die Theorie liefert viel, aber dem Geheimnis des Alten bringt sie uns kaum näher. Jedenfalls bin ich überzeugt, dass der Alte nicht würfelt." - Albert Einstein[73]

Mit der Festlegung der Lichtgeschwindigkeit 1983, die Forscher legten den Wert auf 299 792 458 Meter pro Sekunde fest, endete eine „Ära der Lichtmessung“[74]. Schon Galileo versuchte die Geschwindigkeit des Lichtes experimentell herauszufinden und scheiterte. Eine Erkenntnis blieb jedoch, dass das Licht sehr viel schneller sein muss als der Schall. Der Mensch braucht also immer Bezugspunkte, an denen er sich orientieren kann, vorstellen kann er sich nur, was er kennt. Für alles andere braucht er vereinfachende Gedankenkonstrukte. Jedoch kann man heute rückblickend sagen, dass die Verwendung makroskopischer Analogien zur Beschreibung von komplizierten Phänomenen in der Natur zwar verlockend ist, jedes Modell aber Probleme mit sich trägt. Nichtsdestotrotz ist es das Wesen des Menschen, für die Welt Modelle zu entwerfen, um sie besser zu verstehen. Die Modellvorstellungen von Lichtstrahlen, Lichtwellen und Lichtkorpuskeln sind jedoch nur Teilwahrheiten, je nach Experiment können nämlich verschiedene Beobachtungen zu dem Licht gemacht werden. Tatsächlich wiesen Wissenschaftler des Bose-Institutes in Kalkutta nach, dass Photonen in einem einzigen Experiment gleichzeitig Teilchen- und Welleneigenschaften zeigen können.[75] Auch wenn die Kopenhagener Deutung in der Lage ist, Wahrscheinlichkeiten für quantenmechanische Phänomene in einer extremen Genauigkeit vorherzusagen, kann sie leider keine Antwort darauf geben, wieso diese stattfinden. Wie auch schon Einstein gesagt hat, liefert die Theorie viel, so viel wenigstens, dass wir in der Lage sind, diese Erkenntnisse in der Technik einzusetzen, aber immer noch viel zu wenig, um sie zu verstehen. Rückblickend könnte man den Schluss ziehen, dass wir uns wieder in einer Phase befinden, in der wir glauben vieles erforscht zu haben, was es nur zu erforschen gibt. Doch lehrt uns die Vergangenheit, dass sich Modelle und Theorien rasant ändern können – es sind unsere Vorstellungen, die sich ändern, nicht die Natur selbst.

---

[73] http://de.wikiquote.org/wiki/Quantenphysik
[74] LIEDTKE / POPP, 2006, S.16 Abs. 1
[75] vgl. GRIBBIN, 1996, S.168 ff.

Literaturverzeichnis

Internetquellen:

DUDEN PAETEC (2004): *Basiswissen Schule, Technik*, [Online Dokument], verfügbar über: http://schuelerlexikon.de/SID/70b287348afaf645cd2165b30cae1176/lexika/technik/.htm [Datum des letzten Zugriffs: 26.10.2013].

DUDEN PAETEC (2004): *Basiswissen Schule, Physik Abitur*, [Online Dokument], verfügbar über: http://www.schuelerlexikon.de/SID/70b287348afaf65c2165b3ae1176/lexika/physek2/.htm [Datum des letzten Zugriffs: 26.10.2013].

WIKIMEDIA FOUNDATION (2004): *Wikiquote Licht*, [Online Dokument], verfügbar über: http://de.wikiquote.org/wiki/Licht [Datum des letzten Zugriffs: 29.10.2013].

WIKIMEDIA FOUNDATION (2004): *Wikiquote Quantenphysik*, [Online Dokument], verfügbar über: http://de.wikiquote.org/wiki/Quantenphysik [Datum des letzten Zugriffs: 9.11.2013].

WIKIMEDIA FOUNDATION (2004): *Wikipedia, Die freie Enzyklopädie*, [Online Dokument], verfügbar über: http://de.wikipedia.org/wiki/Camera_obscura [Datum des letzten Zugriffs: 9.11.2013].

WIKIMEDIA FOUNDATION (2004): *Wikipedia, Die freie Enzyklopädie*, [Online Dokument], verfügbar über: http://de.wikipedia.org/wiki/Schatz_der_Optik [Datum des letzten Zugriffs: 30.8.2013].

WIKIMEDIA FOUNDATION (2004): *Wikipedia, Die freie Enzyklopädie*, [Online Dokument], verfügbar über: http://commons.wikimedia.org/wiki/File:Fotoelektrischer_Effekt.svg [Datum des letzten Zugriffs: 9.11.2013].

JOACHIM HERZ STIFUNG (o.D.): *Leifi Physik*, [Online Dokument], verfügbar über: http://www.leifiphysik.de/themenbereiche/quantenobjekt-elektron [Datum des letzten Zugriffs: 9.11.2013].

SCHUMMER, Joachim (1999): *Optik: Licht und Sehen*, [Online Dokument], verfügbar über: http://www.joachimschummer.net/kurs/hpp/optik.htm [Datum des letzten Zugriffs: 5.11.2013].

BEHAIM-SCHWARTZBACH / BEISTER (2010): *Die Lichtgeschwindigkeit wird gemessen,* [Online Dokument], verfügbar über: http://www.bodensee-sternwarte.de/wissenswertes/die-lichtgeschwindigkeit-wird-gemessen.html [Datum des letzten Zugriffs: 5.11.2013].

Fachliteratur:

GRIBBIN, John (1996): *Schrödingers Kätzchen und die Suche nach der Wirklichkeit,* S. Fischer

KILIAN, Ulrich / ASCHEMEIER, Rainer (2012): *Das große Buch vom Licht,* WBG Verlag

MORSCH, Oliver (2003): *Licht und Materie,* Wiley-VHC Verlag

LIEDTKE, Susanne / POPP, Jürgen (2006): *Laser, Licht und Leben,* Wiley-VHC Verlag

D.J. LOVELL (2004): *Optical Anecdotes,* SPIE Publications

PAS, Heinrich (2011): *Die perfekte Welle,* Piper Verlag

MESCHEDE, Dieter (2010): *Gerthesen Physik,* Springer

BURNIE, David (1999): *Light,* DK Eyewitness Books

MÖRIKE, Klaus / BETZ, Eberhard / MERGENTHALER, Walter (2001): Biologie des Menschen, Quelle & Meyer Verlag

Einheitsübersetzung (2006): Die Bibel, Herder

DUDEN (2011): Deutsches Universalwörterbuch, Duden-Verlag

STEVENSON, Angus (2010): Oxford Dictionary of English, Oxford Dictionaries